Louis Figuier

La planète Neptune

Les Merveilles de la science

ISBN : 978-1533416506

10 9 8 7 6 5 4 3 2 1

Louis Figuier

La planète Neptune

Les Merveilles de la science

Table de Matières

INTRODUCITON

La science, comme la guerre, a ses actions d'éclat. L'histoire des travaux de l'esprit humain nous fournit quelques exemples de ces sortes de hauts faits scientifiques dans lesquels la grandeur de la découverte, l'imprévu de ses résultats, l'étendue de ses conséquences, les difficultés qui l'environnaient, tout semble se réunir pour confondre l'esprit du vulgaire et arracher à l'homme éclairé un cri d'enthousiasme. Telle fut l'impression que produisirent en 1687 les recherches de Newton, résumées dans son immortel ouvrage, *Principes mathématiques de philosophie naturelle*. Lorsque, étendant les lois de la gravitation à toutes les particules matérielles de l'univers, Newton démontra pour la première fois que les astres circulent dans leur orbite et que les corps qui tombent à la surface de la terre obéissent à une commune loi, ce fut, selon l'expression de Biot, avec une admiration qui tenait de la stupeur, que l'on vit de tels sujets et en si grand nombre, soumis au calcul par un seul homme. C'est avec un sentiment à peu près semblable qu'a été accueillie, de nos jours, la découverte de l'*éthérisation*, qui réalisa en un moment le rêve de vingt siècles.

De tels triomphes sont utiles et presque nécessaires pour entretenir la juste considération que l'on doit aux sciences. Nous sommes très-disposés, sans doute, à confesser l'importance des recherches scientifiques, mais il n'est pas hors de propos que, par intervalles, quelques faits éclatants viennent justifier cette confiance en quelque sorte instinctive, et nous fournir un témoignage visible de l'utilité de certains travaux dont les applications sont difficiles à saisir au premier aperçu. Rien n'a mieux servi à ce titre les intérêts et l'honneur des sciences que la découverte de la planète Neptune. L'histoire conserve avec orgueil les noms de quelques astronomes heureux qui reconnurent dans le ciel l'existence de planètes jusqu'alors ignorées ; mais ces découvertes n'avaient en elles-mêmes rien d'inusité ni d'insolite, elles ne sortaient pas du cadre de nos moyens habituels d'exploration ; le perfectionnement des instruments d'optique y joua le premier et quelquefois l'unique rôle. Les planètes Uranus, Cérès, Pallas, Vesta, Junon, Astrée, ont été reconnues en étudiant avec le télescope les diverses plages célestes. C'est par une méthode différente et bien autrement remarquable

Louis Figuier

que M. Le Verrier a procédé. Il n'a pas eu besoin de lever les yeux vers le ciel. Sans autre secours que le calcul, sans autre instrument que sa plume, il a annoncé l'existence d'une planète nouvelle qui circule aux confins de notre univers, à douze cents millions de lieues du soleil. Non-seulement il a constaté son existence, mais il a déterminé sa situation absolue et les dimensions de son orbite, évalué sa masse, réglé son mouvement et assigné sa position à une époque déterminée ; de telle sorte que, sans avoir une seule fois mis l'œil à une lunette, sans avoir jamais observé lui-même, il a pu dire aux astronomes : « À tel jour, à telle heure, braquez vos télescopes vers telle région du ciel, vous apercevrez une planète nouvelle. Aucun œil humain ne l'a encore aperçue, mais je la vois avec les yeux infaillibles du calcul. » Et l'astre fut reconnu précisément à la place indiquée par cette prophétie extraordinaire. Voilà ce qui fait la grandeur et l'originalité admirable de cette découverte positivement unique dans l'histoire des sciences.

Mais ce n'est pas seulement comme un moyen de grandir aux yeux du monde l'autorité des sciences, que la découverte de M. Le Verrier se recommande à notre attention. Elle est appelée à exercer sur l'avenir de l'astronomie une influence positive, et nous nous attacherons à faire comprendre la direction particulière qu'elle doit imprimer à ses travaux. Personne n'ignore, d'ailleurs, que la découverte de notre compatriote a soulevé en Angleterre une discussion assez vive de priorité. La publication du travail original de l'astronome anglais a permis de résoudre cette question d'internationalité scientifique, qui a sérieusement occupé les savants des deux côtés du détroit.

Ajoutons, enfin, qu'il n'est pas hors de propos d'examiner et de réduire à leur juste valeur certaines critiques que le travail de M. Le Verrier a provoquées parmi nous. Il est si facile, en ces matières, de surprendre et d'égarer l'opinion publique, que, sur la foi des petits journaux, bien des personnes s'imaginent aujourd'hui que la découverte de M. Le Verrier s'est évanouie entre ses mains, et que sa planète a disparu du ciel. On est presque honteux d'avoir de telles présomptions à combattre ; cependant il importe à l'honneur scientifique de notre pays de couper court sans retard à une erreur si grossière. L'histoire de cette découverte et des moyens qui ont servi à l'accomplir suffira à rétablir là vérité.

CHAPITRE PREMIER

HISTOIRE DE LA DÉCOUVERTE DE LA PLANÈTE NEPTUNE.

L'observation attentive du ciel fait reconnaître l'existence de deux sortes d'astres. Les uns, en multitude innombrable, sont invariablement fixés à la voûte céleste, et conservent entre eux des relations constantes de position, ce sont les étoiles ; les autres, en très-petit nombre, se montrent toujours errants dans le ciel, ce sont les planètes. Le déplacement n'est pas le seul moyen qui permette de distinguer les planètes des étoiles. En général, les planètes se reconnaissent à une lumière, quelquefois moins vive, mais tranquille et non vacillante ; elles ne scintillent pas comme les étoiles ; enfin, à l'aide des instruments, on leur reconnaît un disque ou un diamètre sensible, tandis que les étoiles ne se présentent dans nos lunettes que comme des points sans dimension appréciable.

On compte aujourd'hui environ cinquante planètes. Cinq ont été connues de toute antiquité ; ce sont Mercure, Vénus, Mars, Jupiter et Saturne. Les autres ne peuvent s'apercevoir qu'à l'aide du télescope ; aussi leur découverte est-elle postérieure à l'époque de la construction et du perfectionnement des instruments d'optique. Lorsque William Herschell eut construit, à la fin du XVIIIᵉ siècle, ses gigantesques télescopes, il put pénétrer dans l'espace à des profondeurs jusque-là inaccessibles aux yeux des hommes ; la première découverte importante qu'il réalisa par ce moyen fut celle de la planète Uranus.

Le 13 mars 1781, Herschell étudiait les étoiles des Gémeaux, lorsqu'il remarqua que l'une des étoiles de cette constellation, moins brillante que ses voisines, paraissait offrir un diamètre sensible. Deux jours après l'astre avait changé de place. Herschell ne s'arrêta pas d'abord à l'idée que cet astre nouveau pourrait être une planète ; il le prit simplement pour une comète, et il l'annonça sous ce titre aux astronomes. On sait que l'orbite que les comètes décrivent est en général une parabole, tandis que les planètes parcourent une ellipse presque circulaire dans leur révolution autour du soleil. Après quelques semaines d'observation on se mit à calculer l'orbite suivie par la prétendue comète ; mais l'astre s'écartait rapidement de chaque parabole à laquelle on prétendait

Louis Figuier

l'assujettir. Enfin, quelques mois après, un Français, amateur d'astronomie, le président de Saron, reconnut le premier que le nouvel astre était situé bien au-delà de Saturne, et que son orbite était sensiblement circulaire. Dès lors il n'y avait pas à hésiter, ce n'était pas une comète, c'était bien réellement une planète circulant autour du soleil à une distance à peu près double du rayon de l'orbite de Saturne.

Dès que l'existence de la nouvelle planète fut bien constatée, on s'occupa de déterminer avec précision les éléments de son orbite. Avec les moyens dont l'astronomie dispose de nos jours, l'orbite d'Uranus aurait été calculée quelques jours après sa découverte, et avec très-peu d'erreur. Mais les méthodes mathématiques étaient loin de permettre encore de procéder avec autant de sûreté et de promptitude. Ce ne fut qu'un an plus tard que Lalande put la calculer au moyen d'une méthode dont il était l'auteur.

Cependant l'observation de la marche d'Uranus montra bientôt que cet astre était loin de suivre l'orbite assignée par Lalande. On chercha donc à corriger les erreurs introduites dans les calculs de Lalande, en tenant compte des actions que l'on désigne sous le nom de *perturbations planétaires*.

Les lois de Kepler permettent de fixer d'avance l'orbite d'un astre quand on a déterminé, un petit nombre de fois, sa position dans le ciel. Cependant les lois de Kepler ne sont pas exactes d'une manière absolue ; elles ne le seraient que si le soleil agissait seul sur les planètes. Or, la gravitation est universelle, c'est-à-dire que chaque planète est constamment écartée de la route que lui tracent les lois de Kepler, par les attractions qu'exercent sur elle toutes les autres planètes. Ces écarts constituent ce que les astronomes désignent sous le nom de *perturbations planétaires*. Leur petitesse fait qu'elles ne deviennent sensibles que par des mesures très-délicates, mais les perfectionnements des moyens d'observation les ont rendues, depuis Kepler, très-facilement appréciables. Dès les premiers temps de la découverte d'Uranus, on reconnut l'influence qu'exerçaient sur cet astre les perturbations de Saturne et de Jupiter, et grâce aux progrès de la mécanique des corps célestes, créée par Newton, grâce aux travaux de ses successeurs, Euler, Clairault, d'Alembert, Lagrange et Laplace, on put calculer les mouvements d'Uranus, en ayant égard non-seulement à l'action prépondérante du soleil,

CHAPITRE PREMIER

mais encore aux influences perturbatrices des autres planètes. On put ainsi construire l'*éphéméride* d'Uranus, c'est-à-dire l'indication des positions successives que cet astre devait occuper dans le ciel.

L'Académie des sciences proposa cette question pour sujet de prix, en 1790. Delambre, appliquant les théories de Laplace au calcul de l'orbite d'Uranus, construisit les tables de cette planète. Mais l'inexactitude des tables de Delambre ne tarda pas à être démontrée par l'observation directe, et il fallut en construire de nouvelles. Ce travail fut exécuté en 1821 par Bouvard.

En dépit de ces nouvelles corrections, Uranus continua de s'écarter de la voie que lui assignait la théorie. L'erreur allait tous les jours grandissant ; enfin la *planète rebelle*, comme on l'appela, n'avait pas encore terminé une de ses révolutions, que l'on perdait tout espoir de représenter ses mouvements par une formule rigoureuse.

Les astronomes ne sont pas habitués à de pareils mécomptes : cette discordance les préoccupa vivement. Pour une science aussi sûre dans ses procédés, c'était là un fait d'une gravité extraordinaire. Aussi eut-on recours, pour l'expliquer, à toutes les hypothèses possibles. On songea à l'existence d'un certain fluide, l'éther que l'on croit répandu dans l'espace, et qui troublerait, par sa résistance, les mouvements d'Uranus. On parla d'un gros satellite qui le suivrait, ou bien d'une planète encore inconnue dont l'action perturbatrice produirait les variations observées ; on alla même jusqu'à supposer qu'à la distance énorme du soleil (près de sept cents millions de lieues) où se trouve Uranus, la loi de la gravitation universelle pourrait perdre quelque chose de sa rigueur ; enfin, une comète n'aurait-elle pu troubler brusquement la marche d'Uranus ? Mais ces diverses hypothèses n'étaient appuyées d'aucune considération sérieuse, et personne ne songea à les soumettre au calcul. En cela, du reste, chacun suivait le penchant de son imagination, sans invoquer d'arguments bien positifs. On ne pouvait penser sérieusement à entreprendre un travail mathématique dont les difficultés étaient immenses, dont l'utilité n'était pas établie, et dont on ne possédait même pas les éléments essentiels. C'est en cet état que M. Le Verrier trouva la question.

M. Le Verrier n'était alors qu'un jeune savant assez obscur ; il était simple répétiteur d'astronomie à l'École polytechnique.

Louis Figuier

Cependant son habileté dans les hauts calculs était connue des géomètres, et les recherches qu'il avait publiées en 1840 sur les perturbations et les conditions de stabilité de notre système planétaire, avaient donné une haute opinion de son aptitude à manier l'analyse mathématique. C'est sur cette assurance qu'Arago conseilla, en 1845, au jeune astronome d'attaquer par le calcul la question des perturbations d'Uranus. C'était là un travail effrayant par ses difficultés et son étendue ; une partie de la vie de Bouvard s'y était consumée sans résultat. Mais l'astronomie est aujourd'hui une science si avancée et si parfaite, qu'elle n'offre qu'un bien petit nombre de ces grands problèmes capables de séduire l'imagination et d'entraîner les jeunes esprits ; il y avait au contraire au bout de celui-ci une perspective toute brillante de gloire : M. Le Verrier se décida à l'entreprendre.

La première chose à faire, c'était de reprendre dans son entier le travail de Bouvard, afin de reconnaître s'il n'était pas entaché d'erreurs. Il fallait s'assurer, en remaniant les formules, en poussant plus loin les approximations, en considérant quelques termes nouveaux, négligés jusque-là, si l'on ne pourrait pas réconcilier l'observation avec la théorie, et expliquer, à l'aide de ces éléments rectifiés, les mouvements d'Uranus par les seules influences du soleil et des planètes agissant conformément au principe de la gravitation universelle. Telle fut la première partie du travail accompli par M. Le Verrier ; elle fut l'objet d'un mémoire étendu qui fut présenté à l'Académie des sciences le 10 novembre 1845. L'habile géomètre établissait, par un calcul rigoureux et définitif, quelles étaient la forme et la grandeur des termes que les actions perturbatrices de Jupiter et de Saturne introduisent dans l'expression algébrique de la position d'Uranus. Il résultait déjà de cette révision analytique qu'on avait négligé dans les calculs antérieurs des termes nombreux et très-notables, dont l'omission devait rendre impossible la représentation exacte des mouvements de la planète. M. Le Verrier reconnut ainsi que les tables données par Bouvard étaient entachées d'erreurs qui viciaient l'ellipse théorique d'Uranus, à tel point que, par cela seul, et indépendamment de toute autre cause, les tables construites avec des éléments aussi imparfaits ne pouvaient en aucune manière concorder avec l'observation. Ainsi furent mises en évidence les inexactitudes qui affectent les calculs de Bouvard.

CHAPITRE PREMIER

Cette révélation, pour le dire en passant, étonna beaucoup les astronomes ; mais peut-être a-t-on trop insisté à cette époque sur les erreurs de Bouvard. Pour juger le travail de ce géomètre, il faut se reporter à l'époque où il fut exécuté, et considérer surtout que les méthodes perfectionnées dont on se sert aujourd'hui étaient encore à découvrir. Ainsi que le remarque M. Biot, Bouvard a fait tout ce que l'on pouvait faire de son temps : « On fait mieux maintenant, dit M. Biot, ces calculs après lui, mais, sans lui, on n'aurait pas seulement à les perfectionner : le sujet manquerait ; car, sans l'assistance de Bouvard, Laplace n'aurait jamais pu étendre si loin les développements de ses profondes théories. »

Fig. 1. — Bouvard.

Les personnes qui, vers l'année 1840, fréquentaient les séances de l'Institut, ne manquaient pas de remarquer un petit vieillard négligemment vêtu, et qui, toujours assis à la même place, passait tout l'intervalle de la séance courbé sur un cahier couvert de chiffres : c'était Bouvard, qui, selon l'expression d'Arago, renouvelée d'un passage de Condorcet dans son *Éloge d'Euler* « ne cessa de calculer qu'en cessant de vivre. » Venu à Paris du fond de la Savoie, sans éducation et sans ressources, le hasard l'avait rendu témoin des

Louis Figuier

travaux de l'Observatoire, et dès ce moment une véritable passion s'était développée en lui pour l'astronomie et les mathématiques. Il s'occupait d'études de ce genre avec une ardeur extraordinaire et sans trop savoir où elles le conduiraient, lorsqu'il eut l'occasion d'être mis en rapport avec Laplace. Le grand géomètre, retiré alors à la campagne, dans les environs de Melun, travaillait à la composition de sa *Mécanique céleste*. Mais il ne pouvait suffire seul aux calculs et aux déductions numériques que nécessitait cette œuvre immense. Il trouva un secours d'une valeur inestimable dans l'assistance de Bouvard, qui, dès ce moment, se dévoua à ses travaux avec une docilité et une patience infatigables. C'est grâce à l'abnégation de Bouvard et par sa collaboration assidue, qui se prolongea durant sa vie entière, que Laplace put mener à fin cette œuvre de génie, dont les géomètres de notre temps recueillent les bénéfices. Ainsi, sans les travaux de Bouvard, les méthodes abrégées de calcul dont nos astronomes tirent un si grand parti, seraient encore à créer aujourd'hui ; il y aurait donc injustice à lui reprocher avec amertume des erreurs qui ont été le fait moins de son esprit que de son temps.

Les erreurs de Bouvard une fois constatées, M. Le Verrier corrigea les formules qui avaient présidé à la composition des tables de cet astronome. Il en construisit de nouvelles, et compara les nombres ainsi rectifiés avec les données de l'observation directe.

Malgré cette correction, ces tables restèrent en désaccord avec les mouvements d'Uranus. M. Le Verrier put donc conclure, mais cette fois avec toute la rigueur d'une démonstration mathématique, que la seule influence du soleil et des planètes connues était insuffisante pour expliquer les mouvements de cet astre, et que l'on ne parviendrait jamais à représenter sa marche, si l'on n'avait égard à d'autres causes. Ainsi ce n'était plus désormais dans les erreurs des géomètres, mais bien dans le ciel même qu'il fallait chercher la clef des anomalies d'Uranus. Une carrière nouvelle s'ouvrait donc devant M. Le Verrier ; il s'y engagea sans retard, et le 1er juin 1846 il exposait à l'Académie des sciences le résultat de ses admirables calculs.

Nous avons déjà vu que, pour expliquer les perturbations d'Uranus, les astronomes avaient mis en avant un grand nombre d'hypothèses. On avait songé à la résistance de l'éther, à un

CHAPITRE PREMIER

satellite invisible, à une planète encore inconnue ; enfin on était allé jusqu'à redouter qu'à la distance énorme de cette planète, la loi de la gravitation ne perdît quelque chose de sa rigueur. Au début de son mémoire, M. Le Verrier passe en revue chacune de ces hypothèses, et il montre que la seule idée à laquelle on puisse logiquement s'attacher, c'est l'existence dans le ciel d'une planète encore inconnue.

« Je ne m'arrêterai pas, dit M. Le Verrier, à cette idée que les lois de la gravitation pourraient cesser d'être rigoureuses, à la distance du soleil où circule Uranus. Ce n'est pas la première fois que, pour expliquer les anomalies dont on ne pouvait se rendre compte, on s'en est pris au principe de la gravitation. Mais on sait aussi que ces hypothèses ont toujours été anéanties par un examen plus profond des faits. L'altération des lois de la gravitation serait une dernière ressource à laquelle il ne serait permis d'avoir recours qu'après avoir épuisé les autres causes, et les avoir reconnues impuissantes à produire les effets observés.

« Je ne saurais croire davantage à la résistance de l'éther, résistance dont on a à peine entrevu les traces dans le mouvement des corps dont la densité est la plus faible, c'est-à-dire dans les circonstances qui seraient les plus propres à manifester l'action de ce fluide.

« Les inégalités particulières d'Uranus seraient-elles dues à un gros satellite qui accompagnerait la planète ? Ces inégalités affecteraient alors une très-courte période ; et c'est précisément le contraire qui résulte des observations. D'ailleurs le satellite dont on suppose l'existence devrait être très-gros et n'aurait pu échapper aux observateurs.

« Serait-ce donc une comète qui aurait, à une certaine époque, changé brusquement l'orbite d'Uranus ? Mais alors la période des observations de cette planète de 1781 à 1820 pourrait se lier naturellement, soit à la série des observations antérieures, soit à la série des observations postérieures ; or, elle est incompatible avec l'une et l'autre.

« Il ne nous reste ainsi d'autre hypothèse à essayer que celle d'un corps agissant d'une manière continue sur Uranus, et changeant son mouvement d'une manière très-lente. Ce corps, d'après ce que nous connaissons de la constitution de notre système solaire, ne saurait être qu'une planète encore ignorée. »

M. Le Verrier démontre, dans la suite de son mémoire, que cette hypothèse explique numériquement tous les résultats de l'observation, et il établit, d'une manière irrécusable, l'existence d'une planète, jusqu'alors inconnue, et qui trouble, par son attraction, les mouvements d'Uranus. Mais par quels moyens M. Le Verrier a-t-il été conduit à un résultat si remarquable, et sur quels faits a-t-il appuyé ses calculs ?

Il ne savait rien sur la masse de la planète perturbatrice, ni sur l'orbite qu'elle décrivait ; il était donc nécessaire d'établir quelque hypothèse qui pût servir de point de départ au calcul. Pour donner à la planète inconnue une place approximative, M. Le Verrier eut recours à une loi célèbre en astronomie. On sait que les distances des planètes au soleil sont à peu près doubles les unes des autres ; cette relation purement empirique, et dont la cause physique est d'ailleurs inconnue, porte le nom de *loi de Bode* ou *de Titius*. Kepler avait déjà signalé, entre les distances des planètes au soleil, un rapport de ce genre, et il avait été amené, par cette remarque, à indiquer entre Mars et Jupiter l'existence d'une lacune ou de ce qu'il nommait un *hiatus*. La patience et la sagacité des astronomes modernes ont confirmé cette conjecture hardie, en faisant découvrir dans cet espace, et aux places indiquées par la loi de Bode, les planètes Cérès, Pallas, Junon, Vesta et toute la série des petites planètes télescopiques, aujourd'hui au nombre de plus de cent et dont la liste s'augmente sans cesse. Comme Uranus est deux fois plus éloigné du soleil que Saturne, M. Le Verrier pensa que la nouvelle planète serait elle-même deux fois plus éloignée du soleil qu'Uranus. Cette hypothèse lui fournit donc une évaluation approximative de la distance de l'astre inconnu, qu'il savait d'ailleurs se mouvoir à peu près dans l'écliptique.

Ce premier résultat obtenu, il restait à fixer la position actuelle de l'astre dans son orbite, avec assez de précision pour que l'on pût se mettre à sa recherche. Si la position et la masse de la planète avaient été connues, on aurait pu en déduire les perturbations qu'elle fait subir à Uranus ; mais ici le problème se trouvait renversé : les perturbations étaient connues, il fallait déterminer avec cet élément la position que la planète occupait dans le ciel, évaluer sa masse, trouver la forme et la position de son orbite, et

CHAPITRE PREMIER

expliquer par son action les inégalités d'Uranus.

Il nous est impossible d'entrer dans aucun détail sur la méthode mathématique suivie par M. Le Verrier, sur les calculs immenses qu'elle a nécessités, les obstacles de tout genre que cet astronome dut rencontrer, et l'habileté prodigieuse avec laquelle il les surmonta. Nous donnerons cependant une idée suffisante des difficultés que présentait l'exécution de ce travail, en disant que ces petits déplacements d'Uranus, ces perturbations, qui étaient les seules données du problème, ne dépassent guère en grandeur $\frac{1}{60}$ de degré, c'est-à-dire, par exemple, le diamètre apparent de la planète Vénus, quand elle est le plus près de la terre. Bien plus, ce n'étaient pas ces perturbations mêmes qui étaient les éléments du calcul, mais leurs irrégularités, c'est-à-dire des quantités encore plus petites et entachées naturellement des erreurs d'observation. Ajoutons enfin que les vrais éléments de l'orbite d'Uranus ne pouvaient être considérés eux-mêmes comme connus avec exactitude, puisqu'on les avait calculés sans tenir compte des perturbations de la planète qu'il s'agissait de chercher.

M. Le Verrier triompha de toutes ces difficultés. Le 1er juin 1846, il annonçait publiquement à l'Académie des sciences ce résultat formel : *La planète qui trouble Uranus existe. Sa longitude au 1er janvier 1847 sera de 325 degrés, sans qu'il puisse y avoir une erreur de 10 degrés sur cette évaluation.*

Cependant, pour assurer la découverte matérielle de la nouvelle planète, pour en hâter l'instant, il ne suffisait pas d'avoir mathématiquement démontré son existence, et d'avoir assigné, avec une certaine approximation, sa position actuelle. Comme elle avait, jusqu'à ce moment, échappé aux observateurs, il était évident qu'elle devait offrir dans les lunettes l'apparence d'une étoile et se confondre avec elles. Il fallait donc déterminer avec plus de rigueur sa position à un jour donné, c'est-à-dire le lieu du ciel vers lequel il fallait diriger le télescope pour l'apercevoir. M. Le Verrier entreprit cette nouvelle tâche. Trois mois lui suffirent pour exécuter le travail immense qu'elle nécessitait, et le 31 août 1846, il en présentait les résultats à l'Académie des sciences. Dans ce second mémoire il donnait des valeurs plus rapprochées des éléments de la planète ; il fixait sa longitude à 326 degrés ½ au lieu de 325, et sa distance actuelle à trente-trois fois la distance de la terre au soleil au lieu de trente-neuf, comme l'exigeait la loi empirique de Bode.

On a peine à comprendre comment une telle masse de calculs si compliqués put être exécutée dans un si court intervalle. Mais M. Le Verrier avait intérêt à terminer son travail avant la prochaine apparition de la planète, qui devait arriver vers le 18 ou le 19 août. C'était la situation la plus favorable pour l'observer, car ensuite elle serait projetée sur des points de l'écliptique de plus en plus rapprochés du soleil, et elle aurait alors disparu pendant plusieurs mois dans l'éclat de ses rayons ; la recherche aurait dû être renvoyée à l'année suivante. Malgré cette hâte excessive, M. Le Verrier n'omit aucun des détails qui devaient inspirer la confiance aux astronomes, et les exciter à rechercher l'astre nouveau dans la place du ciel qu'il désignait. Il annonça que la masse de sa planète surpasserait celle d'Uranus, que son diamètre apparent et son éclat seraient seulement un peu moindres, de telle sorte que non-seulement on pourrait l'apercevoir avec une bonne lunette, mais encore qu'on la distinguerait sans peine des étoiles voisines, grâce à son disque sensible ; il ajoutait enfin que pour la découvrir, il fallait la chercher à 5 degrés à l'est de l'étoile δ du Capricorne.

Dès ce moment, et de l'aveu de tous les astronomes, la planète était trouvée. En effet, sa découverte physique ne se fit pas attendre. Le 18 septembre 1846, M. Le Verrier annonçait ses derniers résultats à l'observatoire de Berlin. L'un des astronomes, M. Galle, reçut la lettre le 23. Par une coïncidence bien singulière, M. Galle avait sous les yeux une carte très-précise de la région du ciel que parcourait la planète. Cette carte, qui fait partie de la grande publication entreprise sous les auspices de l'Académie de Berlin, sortait le jour même de la presse, par le fait d'un hasard heureux, et ne se trouvait encore dans aucun autre observatoire. M. Galle mit aussitôt l'œil à la lunette, la dirigea vers le point indiqué, et reconnut à cette place une petite étoile qui se distinguait par son aspect des étoiles environnantes, et qui n'était pas marquée sur la carte de cette région du ciel, que venait de publier l'Académie de Berlin. Il fixa aussitôt sa position. Le lendemain, cette position se trouvait changée, et le déplacement s'était opéré dans le sens prédit : c'était donc la planète !

M. Galle s'empressa d'annoncer ce fait à M. Le Verrier, qui, le 5 octobre, donna connaissance à l'Académie de l'observation de M.

CHAPITRE PREMIER

Galle.

Pour juger de la précision avec laquelle M. Le Verrier avait fixé la position de cet astre, il suffit de comparer deux nombres empruntés à ses calculs.

La longitude héliocentrique conclue des observations de M. Galle, le 1er **octobre, est**	327° 24′
La longitude héliocentrique calculée d'avance par M. Le Verrier, et annoncée le 21 août, est	326° 32′
Différence	0° 52′

Ainsi, la position de la planète avait été prévue *à moins d'un degré près*.

En présence d'un tel résultat, et quand on considère les immenses difficultés du problème, on ne peut s'empêcher d'admirer la certitude et la puissance de l'analyse mathématique. Quels étaient, en effet, les éléments du calcul de M. Le Verrier ? Quelques oscillations d'une planète observée seulement depuis un demi-siècle, des déplacements à peine sensibles dont l'amplitude ne dépassait guère $\frac{1}{60}$ de degré, ou, pour mieux dire, les seules différences de ces déplacements. Quelles étaient, au contraire, les inconnues à dégager ? La place, la grandeur et tous les éléments d'un astre situé bien au delà des limites de notre système planétaire, d'un corps éloigné de plus de douze cents millions de lieues du soleil, et qui tourne autour de lui dans un intervalle de cent soixante-six ans. Or, ces nombres immenses sortent du calcul avec une valeur très-rapprochée, et le résultat de l'observation ne démontre pas une erreur de un degré dans la détermination théorique.

On se rappelle la sensation que produisit dans le public l'annonce de cet événement scientifique. Sans doute, peu de personnes, même parmi les savants, pouvaient apprécier la véritable importance et la nature des difficultés du travail de M. Le Verrier ; cependant tout le monde comprenait ce qu'il y avait de merveilleux à avoir constaté *à priori*, et sans autre secours que le calcul, l'existence d'une planète que nul œil humain n'avait encore aperçue. Aussi les témoignages de l'admiration publique ne manquèrent pas à M. Le Verrier.

Louis Figuier

Le roi Louis-Philippe voulut recevoir en audience particulière le jeune astronome, le féliciter de sa brillante découverte et lui annoncer lui-même les brillantes récompenses qu'elle devait mériter à son auteur.

Fig. 2. — M. Le Verrier reçu par le roi Louis-Philippe, au palais des Tuileries, à l'occasion de sa découverte de la planète Neptune.

La place de professeur d'astronomie à la Sorbonne, suivie bientôt de toutes sortes de hauts emplois dans l'enseignement, fut accordée à l'auteur de la découverte de l'astre nouveau. Jamais, on peut le dire, travail scientifique ne fut plus largement honoré par la reconnaissance publique.

CHAPITRE PREMIER

On s'est demandé à cette époque comment M. Le Verrier n'avait pas essayé de chercher lui-même dans le ciel la planète dont il avait théoriquement reconnu l'existence, et comment, après avoir fixé, avec une si étonnante précision, sa position absolue, il ne s'était pas empressé de diriger une lunette vers la région qu'il indiquait, afin de vérifier lui-même sa prophétie, de s'assurer de cette manière l'honneur tout entier de sa découverte. M. Le Verrier ne procéda point lui-même à cette recherche, parce qu'il n'était pas observateur. Les travaux astronomiques embrassent, en effet, deux parties très-différentes : le calcul et l'observation ; les astronomes suivent d'une manière à peu près exclusive l'une ou l'autre de ces deux carrières, qui exigent chacune des études et des qualités spéciales. Quand on jette les yeux sur les instruments de l'Observatoire de Paris, cet équatorial gigantesque, ces télescopes à vingt pieds de foyer, ces cercles divisés avec une précision merveilleuse, ces lunettes dont les réticules sont formés de fils plus fins que ceux de l'araignée, ces pendules dont la marche rivalise d'uniformité avec le mouvement diurne de la voûte céleste, etc., on comprend aisément que la pratique de l'observation astronomique ne soit pas à la portée de chacun.

CHAPITRE II

DÉCLAMATION DE M. ADAMS CONCERNANT LA DÉCOUVERTE DE LA PLANÈTE NEPTUNE. — OBJECTIONS DE M. BABINET. — CRITIQUES DIRIGÉES CONTRE LES RÉSULTATS OBTENUS PAR M. LE VERRIER. — INFLUENCE DE LA DÉCOUVERTE DE NEPTUNE SUR L'AVENIR DES TRAVAUX ASTRONOMIQUES.

On n'était pas encore revenu de l'admiration et de la surprise qu'avait excitées en France la découverte de M. Le Verrier, lorsqu'un incident inattendu vint ajouter à la question un intérêt nouveau. Dix jours à peine après l'observation de M. Galle, les journaux anglais annoncèrent qu'un astronome de Cambridge avait fait la même découverte que M. Le Verrier. Un jeune mathématicien, M. Adams, agrégé du collège de Saint-Jean, à Cambridge, avait exécuté, disait-on, un travail analogue à celui de notre compatriote,

Louis Figuier

et il était arrivé à des résultats presque identiques. Les calculs de M. Adams n'avaient pas été publiés, mais on affirmait qu'ils étaient connus de plusieurs savants.

Exprimé même en ces termes, ce fait ne pouvait porter aucune atteinte aux droits publiquement établis de M. Le Verrier ; cependant il souleva une vive controverse et amena des débats très-irritants. La publication des calculs de l'astronome anglais a mis un terme à ces discussions regrettables, et permis de rétablir la vérité. Le travail de M. Adams a été produit dans la séance du 13 novembre 1846, devant la Société astronomique de Londres, qui en a ordonné l'impression et la distribution au monde savant.

Il résulte de l'*Exposé* publié par M. Adams et des lettres qui l'accompagnent, que, dès l'année 1844, cet astronome, alors élève à l'université de Cambridge, s'occupait de la théorie d'Uranus, et cherchait à rectifier les mouvements de cette planète par l'hypothèse d'un astre perturbateur. Ce n'était pas d'ailleurs la première fois que cette pensée se présentait à l'esprit des astronomes. On voit dans l'introduction des tables de Bouvard que ce géomètre, désespérant de représenter le mouvement d'Uranus par une formule rigoureuse, s'arrête vaguement à l'idée d'une planète perturbatrice. D'après le témoignage de sir John Herschell, le célèbre astronome allemand Bessel aurait exprimé cette opinion d'une manière beaucoup plus formelle. En examinant attentivement les observations d'Uranus, Bessel avait reconnu que ses écarts excédaient de beaucoup les erreurs possibles de l'observation, et il attribuait ces différences à l'action d'une planète inconnue, les erreurs étant systématiques et telles qu'elles pourraient être produites par une planète extérieure. Cependant cet astronome ne soumit jamais cette vue au contrôle du calcul. M. Adams prit le problème plus au sérieux, puisqu'il en fit le sujet d'un travail particulier

Comme M. Le Verrier, l'astronome anglais avait eu recours à la loi de Bode pour obtenir d'abord une distance approximative du nouvel astre. Vers la fin de 1845, il connaissait à peu près la position de la planète qu'il supposait d'une masse triple de celle d'Uranus. Au mois de septembre 1845, il fit part de ses résultats au directeur de l'observatoire de Cambridge, M. Challis, qui l'engagea à se rendre à Greenwich pour les communiquer à l'astronome royal, M. Airy. M.

CHAPITRE II

Adams se rendit en effet à Greenwich, mais l'astronome royal était alors à Paris. Dans les premiers jours d'octobre 1845, M. Adams se présenta de nouveau à Greenwich, mais M. Airy était encore absent, et il dut se borner à lui laisser une note dans laquelle il fixait les divers éléments de sa planète hypothétique. Il annonçait, dans cette note, que la longitude moyenne de sa planète serait de 323° 2', le 1er octobre 1846. Il avait calculé que sa masse serait triple de celle d'Uranus ; que, par conséquent, l'astre nouveau jouirait du même éclat qu'une étoile de 9e grandeur, ce qui permettrait de la voir facilement ; il espérait que, sur ces indications, l'astronome royal voudrait bien faire entreprendre sa recherche. Mais M. Airy ne semble pas avoir pris au sérieux le travail de M. Adams, car il ne fit pas exécuter cette recherche ; il avait fait à l'auteur une objection qui était demeurée sans réponse, et sa conviction ne se forma qu'après la lecture du mémoire bien autrement décisif de M. Le Verrier. Quant à M. Adams, il n'ajoutait pas sans doute une grande foi à ses propres calculs, car il se refusa à les publier et ne les adressa à aucune société savante ; il ne chercha pas même à prendre date pour son travail, bien qu'il fût informé par la publication du premier mémoire de M. Le Verrier, qu'un autre mathématicien s'occupait du même sujet. Il attendit, pour parler de ses calculs, que M. Galle eût constaté par l'observation directe l'existence de la planète. Disons d'ailleurs que M. Adams, plus équitable en cela et plus sincère que ses amis, n'a pas hésité à reconnaître lui-même le peu de fondement de ses réclamations. Il s'exprime ainsi dans le préambule de son *Exposé* :

« Je ne mentionne ces recherches que pour montrer que mes résultats ont été obtenus indépendamment et avant la publication de ceux auxquels M. Le Verrier est parvenu. Je n'ai nulle intention d'intervenir dans ses justes droits aux honneurs de la découverte, car il n'est pas douteux que ses recherches n'aient été communiquées les premières au monde savant, et que ce sont elles qui ont amené la découverte de la planète par M. Galle. Les faits que j'ai établis ne peuvent donc porter la moindre atteinte aux mérites qu'on lui attribue.[1] »

Si maintenant et indépendamment de la question de priorité, qui ne saurait être douteuse en faveur du savant français, on compare

1 *Transactions de la Société royale d'astronomie de Londres.*

Louis Figuier

le travail mathématique des deux astronomes, il est facile de reconnaître que celui de M. Adams n'était qu'un premier aperçu, une simple tentative à laquelle les deux astronomes anglais qui en eurent communication, et probablement aussi l'auteur lui-même, n'accordaient que peu de confiance.[1] M. Adams n'a donné qu'une analyse de ses recherches, mais il en a dit assez pour que les mathématiciens aient pu constater que la méthode qu'il a suivie n'était qu'une sorte de tâtonnement empirique, un essai de nombres plutôt qu'un calcul méthodique et rigoureux.

Dans les premiers temps de la découverte, Arago proposa de donner à l'astre nouveau le nom de *Planète Le Verrier* ; il pensait qu'il était bon d'inscrire ce nom dans le ciel pour rappeler le géomètre qui avait si admirablement étendu les bornes de nos moyens d'exploration. Cependant le nom de *Neptune* a prévalu, et il est aujourd'hui définitivement adopté, pour ne pas rompre

---

1 Une lettre citée par Arago dans le cahier du 19 octobre 1846 des *Comptes rendus de l'Académie des sciences*, montre que le directeur de l'observatoire de Greenwich n'ajoutait aucune confiance aux résultats annoncés par M. Adams. Depuis l'année 1845, M. Airy avait entre les mains le travail de M. Adams qui contenait les éléments de sa planète hypothétique ; cependant il accordait si peu de crédit à ces données, qu'au mois de juin 1846, c'est-à-dire après la publication du premier mémoire de M. Le Verrier, il ne croyait pas encore à l'existence d'une planète étrangère qui troublât les mouvements d'Uranus. Voici en effet ce qu'il écrivait le 20 juin à M. Le Verrier, en lui présentant des objections contre les conclusions de son mémoire :

« Il paraît, d'après l'ensemble des dernières observations d'Uranus faites à Greenwich (lesquelles sont complètement décrites dans nos recueils annuels, de manière a rendre manifestes les erreurs des tables, soit qu'elles affectent les longitudes héliocentriques ou les rayons vecteurs) ; il paraît dis-je, que les rayons vecteurs donnés par les tables d'Uranus sont considérablement trop petits. Je désire savoir de vous si ce fait est une conséquence des perturbations produites par une planète extérieure, placée dans la position que vous lui avez assignée.

« *J'imagine qu'il n'en sera pas ainsi,* car le principal terme de l'inégalité sera probablement analogue à celui qui représente la *variation* de la lune, c'est-à-dire dépendra de sin $(V — V')$ ...... »

Ainsi, l'un des astronomes les plus habiles de l'Europe, quoique en possession du travail de M. Adams, ne croyait pas qu'une planète extérieure pût expliquer les anomalies d'Uranus. « En faut-il davantage, dit Arago, pour établir que le travail en question ne pouvait être qu'un premier aperçu, qu'un essai informe, auquel l'auteur lui-même, pressé par la difficulté de M. Airy, n'accordait aucune confiance ? »

CHAPITRE II

l'uniformité des dénominations astronomiques.

Nous n'avons pas besoin de dire que tous les astronomes, et notamment ceux qui possédaient de puissantes lunettes, s'empressèrent d'observer Neptune et d'étudier sa marche. Aussi l'on ne tarda pas à annoncer que cette planète est accompagnée d'un satellite ; il avait été découvert par M. Lassell, riche fabricant de Liverpool, qui consacre ses loisirs et sa fortune à des observations astronomiques. C'est avec un télescope dont le miroir a deux pieds d'ouverture et vingt pieds de longueur focale, et qu'il a construit de ses mains, que M. Lassell a observé ce nouveau corps qui circule autour de la planète dans un intervalle d'environ six jours.

D'après les données les plus récentes de l'observation, le diamètre de Neptune est de dix-sept mille trois cents lieues. Son volume est donc environ deux cents fois celui de la terre, et il peut être vu avec un télescope d'une force très-médiocre. Sa vitesse moyenne, de quatre mille huit cents lieues par heure, est six fois moindre que celle de la terre. Il décrit autour du soleil une ellipse presque circulaire avec une vitesse linéaire d'une lieue et un tiers par seconde ; la durée de sa révolution est d'environ cent soixante-six ans, et sa distance moyenne au soleil est trente fois plus grande que celle de la terre, c'est-à-dire de douze cents millions de lieues. Enfin, il est, dit-on, pourvu, comme Saturne, d'un anneau ; mais l'existence de cet anneau est problématique ; il se pourrait que ce ne fut là qu'une pure illusion d'optique dont les meilleurs télescopes ne sont pas toujours exempts.

Ici se terminerait l'histoire de la découverte mémorable qui vient de nous occuper si, vers la fin de l'année 1848, un académicien n'était venu soulever, au sein de l'Institut, une discussion, nullement sérieuse au fond, mais qui, mal comprise ou défigurée, jeta inopinément dans le public, sur la découverte de l'astronome français, certains doutes qu'explique aisément l'ignorance générale en pareille matière. Voici quelle fut l'origine de cette controverse.

Dès que la planète Neptune fut signalée aux astronomes, on s'occupa de l'observer et de fixer ses éléments par l'observation directe. On ne surprendra personne en disant que l'orbite de la planète nouvelle ayant été calculée d'après l'observation, ses éléments présentèrent quelques désaccords avec ceux que M. Le Verrier avait

Louis Figuier

déduits *à priori* du calcul avant que l'astre fût aperçu. Ce désaccord était d'ailleurs assez faible et infiniment au-dessous de la limite des erreurs auxquelles on pouvait s'attendre. Cependant M. Babinet crut pouvoir se fonder sur ces différences pour admettre que la planète nouvelle ne suffisait pas pour rendre compte des anomalies d'Uranus. Il rechercha si l'on ne pourrait pas les expliquer, non plus par la seule influence de Neptune, mais par l'action de cette planète réunie à celle d'une seconde planète hypothétique encore plus éloignée, et que, par une prévision qu'il est permis de trouver anticipée, il désigna sous le nom d'*Hypérion*. Il n'y avait rien dans cette idée qui pût éveiller de grands débats ; c'était une simple vue de l'esprit qu'à tout prendre on pouvait discuter, bien que, pour le dire en passant, la plupart de nos géomètres s'accordent à repousser comme théoriquement inadmissible l'hypothèse de M. Babinet, car l'action de deux planètes ne saurait être remplacée par celle d'une troisième située à leur *centre de gravité* comme il le dit en termes formels. Le travail de M. Babinet aurait donc passé sans exciter d'émotion particulière, si les termes qu'il employa dans son mémoire, n'étaient venus donner le change à l'esprit du public. Voici, en effet, comment débute le mémoire de M. Babinet :

« L'identité de la planète Neptune avec la planète théorique, qui rend compte si admirablement des perturbations d'Uranus, d'après les travaux de MM. Le Verrier et Adams, mais surtout d'après ceux de l'astronome français, *n'étant plus admise par personne* depuis les énormes différences constatées entre l'astre réel et l'astre théorique, quant à la masse, à la durée de la révolution, à la distance au soleil, à l'excentricité et même à la longitude, on est conduit à chercher si les perturbations d'Uranus se prêteraient à l'indication d'un second corps planétaire voisin de Neptune… »

Si M. Babinet se fût borné à constater les désaccords qui existent entre la masse, la distance et l'orbite de Neptune, fournis par l'observation directe, et ces mêmes éléments déduits du calcul par M. Le Verrier, il n'aurait fait que rappeler des faits incontestables. Mais l'ambiguïté de sa rédaction donna lieu aux interprétations les plus fâcheuses, et sur la foi de sa grave autorité, des critiques sans fin contre la découverte de M. Le Verrier firent tout d'un coup irruption. Nous ne nous arrêterons pas à la niaiserie de certains journaux qui ont tout bonnement prétendu que la planète

CHAPITRE II

Neptune n'existe pas. Mais il importe d'examiner en quelques mots les critiques plus sérieuses et mieux fondées en apparence, qui ont été dirigées, à cette occasion, contre le travail de M. Le Verrier.

On ne peut nier qu'il n'existe une différence entre la position vraie de Neptune et celle que le calcul lui avait assignée. Mais pouvait-il en être autrement ? M. Le Verrier a découvert cette planète par un moyen détourné et sans l'avoir vue ; il était donc impossible qu'il fixât sa place avec la précision de l'observation directe ; tout ce qu'il a prétendu faire et tout ce qu'on pouvait espérer, c'était de déterminer sa situation dans le ciel avec assez d'exactitude pour qu'on pût la chercher et la découvrir. Demander en pareille matière une précision absolue, c'est évidemment exiger l'impossible : « Dirigez l'instrument vers tel point du ciel, a dit M. Le Verrier, la planète sera dans le champ du télescope. » Elle s'y est trouvée ; que demander de plus ?

Mais, ajoute-t-on, M. Le Verrier s'est trompé sur la distance de Neptune, puisque, au lieu d'être actuellement, comme il l'a dit, de trente-trois fois la distance de la terre au soleil, elle n'est que trente fois cette distance. Est-ce là une erreur bien notable ? Sans doute, si, dans le but de frapper l'imagination, on exprime cette différence en lieues ou en kilomètres, on arrivera à un nombre effrayant ; mais cette manière d'argumenter manque évidemment de bonne foi. Comme l'étendue de notre système solaire est immense relativement à notre globe, et relativement à la petitesse des unités adoptées pour nos mesures linéaires, la moindre erreur dans leur évaluation se traduit par des nombres énormes, de telle sorte que le reproche qu'on fait pour Neptune pourrait s'appliquer à tous les travaux astronomiques qui ont eu pour objet la détermination de la distance des astres. Considérons, par exemple, la distance de la terre au soleil, dont la détermination a coûté de si longues recherches. La mesure de cet élément fondamental a présenté, entre les mains des plus grands astronomes, des discordances supérieures à celles qu'on reproche à M, Le Verrier. En 1750, on s'accordait à admettre, pour cette distance, trente-deux millions de lieues. Vingt ans après, on la portait à plus de trente-huit millions de lieues ; la différence de ces deux résultats dépasse six millions de lieues, ou la cinquième partie du premier, tandis que l'erreur reprochée à M. Le Verrier ne serait que d'un dixième, c'est-à-dire

Louis Figuier

deux fois moindre. Et cependant, d'une part, il s'agissait du soleil, l'astre le plus important de notre monde, l'objet des observations quotidiennes des astronomes depuis deux mille ans ; d'autre part, c'était un astre jusqu'alors inaperçu, et qui ne devait se dévoiler aux yeux de l'esprit que par les faibles écarts qu'il produit chez une planète connue seulement depuis un demi-siècle.

On accuse encore M. Le Verrier d'avoir attribué à sa planète une masse plus considérable que celle qu'elle a réellement. À cela il suffit de répondre que les astronomes ne s'accordent pas même sur la grandeur des masses de plusieurs planètes anciennement connues, et notamment sur celle d'Uranus même. On conçoit, d'ailleurs, que si M. Le Verrier a placé Neptune un peu trop loin, il a dû, par compensation, le faire un peu trop gros. Ainsi l'incertitude sur la masse de la planète résultait nécessairement de celle de sa distance. C'est ce dont conviennent tous les astronomes. Sir John Herschell, dans une lettre à M. Le Verrier relative à cette discussion, n'a pas hésité à connaître que l'incertitude des données de la question entraînait forcément celle des éléments de l'orbite de Neptune. Ces éléments n'étaient, du reste, qu'une partie accessoire du problème : « L'objet direct de vos efforts, ajoute M. Herschell, était de dire où était placé le corps troublant à l'époque de la recherche, et où il s'était trouvé pendant les quarante ou cinquante années précédentes. Or c'est ce que vous avez fait connaître avec une parfaite exactitude. »

Après un tel témoignage, auquel on pourrait joindre celui de bien d'autres astronomes étrangers, et celui de nos illustres compatriotes, MM. Biot, Cauchy, Faye, etc., on voit quel cas il faut faire des singulières assertions dont la découverte de M. Le Verrier a été l'objet. Grâce aux commentaires des petits journaux, une bonne partie du public s'imagine encore aujourd'hui que la planète de M. Le Verrier a disparu du champ des télescopes, tandis qu'au contraire, depuis le jour de sa découverte, elle a si bien suivi la route que l'astronome français lui avait assignée, que chacun peut maintenant, à l'aide de ses indications, l'observer dans le ciel, s'il est muni d'une lunette fort ordinaire. En résumé, le *Neptune* trouvé par M. Galle, comme la planète calculée par M. Le Verrier, rendent parfaitement compte des perturbations d'Uranus, et leur identité ne saurait être contestée par aucun savant de bonne foi.

Telle est, réduite à ses termes les plus simples, l'histoire de cette

CHAPITRE II

découverte extraordinaire, qui occupera une si grande place dans les annales de la science contemporaine. Ce qui a frappé surtout et ce qui devait frapper en elle, c'est la confirmation merveilleuse qu'elle a fournie de la certitude des méthodes mathématiques qui servent à calculer les mouvements des corps célestes. Elle nous a appris comment l'intelligence, aidée de ce précieux instrument qu'on appelle le calcul, peut en quelque sorte suppléer à nos sens, et nous dévoiler des faits qui semblaient jusque-là inaccessibles à l'esprit.

Mais ce qui a été moins remarqué, c'est la confirmation éclatante que cette découverte a apportée à la loi de l'attraction universelle. Les anomalies d'Uranus avaient fait craindre à quelques astronomes que, à la distance énorme de cette planète, la loi de l'attraction ne perdît une partie de sa rigueur : la découverte de Neptune est venue nous rassurer sur l'exactitude de la loi générale qui règle les mouvements célestes. Cependant, dans son bel exposé du travail mathématique de M. Le Verrier, imprimé en 1846 dans le *Journal des savants*, M. Biot assure que cette confirmation était loin d'être nécessaire ; et que la loi de Newton n'était nullement mise en péril par les irrégularités d'Uranus. Il cite à ce propos une série de faits astronomiques, tous fondés sur la loi de l'attraction et dont la précision et la concordance suffisaient, selon lui, pour établir la certitude absolue de cette loi. Les preuves invoquées par M. Biot sont sans réplique ; que l'on nous permette cependant de faire remarquer que tous les exemples invoqués par l'illustre astronome se passent tous, si l'on en excepte le fait emprunté à la réapparition des comètes, dans un rayon d'une étendue *relativement* médiocre. Au contraire, la planète Neptune est placée aux confins du monde solaire. Or la considération de la distance n'est pas ici un élément à dédaigner. Il n'est pas rare, en effet, de voir certaines lois physiques commencer à perdre une partie de leur rigueur quand on les prend dans des conditions extrêmes. C'est ainsi que les belles recherches de M. Regnault ont démontré que les lois de la compression et de la dilatation des gaz se modifient quand on les considère au moment où les gaz se rapprochent de leur point de liquéfaction. N'était-il pas à craindre, d'après cela, que la loi elle-même de l'attraction ne pût subir une altération de ce genre, qui ne deviendrait sensible qu'à partir de certaines limites ? Dans un moment où, d'après les

Louis Figuier

résultats des recherches les plus récentes de nos physiciens, on remarque une tendance marquée à tenir en suspicion plusieurs grandes lois dont le crédit était resté longtemps inébranlable, cette confirmation du principe de l'attraction universelle a paru à beaucoup d'esprits sérieux un témoignage utile à enregistrer. La plupart des astronomes n'ont pas hésité à porter ce jugement, et M. Enke a proclamé la découverte de M. Le Verrier *la plus brillante preuve qu'on puisse imaginer de l'attraction universelle.*

Une autre conséquence découle de la découverte de M. Le Verrier, conséquence plus lointaine, et qui a dû frapper moins vivement les esprits, bien qu'elle mérite de fixer toute l'attention des savants. M. Le Verrier termine son travail par la réflexion suivante : « Ce succès doit nous laisser espérer qu'après trente ou quarante années d'observations de la nouvelle planète, on pourra l'employer à son tour à la découverte de celle qui la suit dans l'ordre des distances au soleil. » Ainsi la planète qui nous a révélé son existence par les irrégularités du mouvement d'Uranus n'est probablement pas la dernière de notre système solaire. Celle qui la suivra se décèlera de même par les perturbations qu'elle imprimera à Neptune, et à son tour celle-ci en décèlera d'autres plus éloignées encore, par la perturbation qu'elle en éprouvera. Placés à des distances énormes ces astres finiront par n'être plus appréciables à nos instruments ; mais, alors même qu'ils échapperont à notre vue, leur force attractive pourra se faire sentir encore. Or la marche suivie par M. Le Verrier nous donne les moyens de découvrir ces astres nouveaux sans qu'il soit nécessaire de les apercevoir. Il pourra donc venir un temps où les astronomes, se fondant sur certains dérangements observés dans la marche des planètes visibles, en découvriront d'autres qui ne le seront pas, et en suivront la marche dans les cieux. Ainsi sera créée cette nouvelle science qu'il faudra nommer *l'astronomie des invisibles* ; et alors les savants, justement orgueilleux de cette merveilleuse extension de leur domaine, prononceront avec respect et avec reconnaissance le nom du géomètre qui assura à l'astronomie une destinée si brillante.

CHAPITRE II

Fig. 3. — Observatoire de Paris.

ISBN : 978-1533416506

Louis Figuier